U0607527

从小爱科学　小生活大世界

Tansuo Da Aomi
Shenghuo Da Aomi
探索生活大奥秘

纸上魔方 / 编著

神秘的昆虫世界

山东人民出版社

全国百佳图书出版单位 国家一级出版社

图书在版编目（CIP）数据

神秘的昆虫世界 / 纸上魔方编著 . — 济南：山东
人民出版社，2014.5（2024.1 重印）
　（探索生活大奥秘）
　ISBN 978-7-209-06566-5

　Ⅰ . ①神… Ⅱ . ①纸… Ⅲ . ①昆虫 – 少儿读物 Ⅳ .
① Q96-49

中国版本图书馆 CIP 数据核字 (2014) 第 028611 号

责任编辑：王　路

神秘的昆虫世界

纸上魔方　编著

山东出版传媒股份有限公司
山东人民出版社出版发行

社　　址：济南市市中区舜耕路517号　邮　编：250003
网　　址：http:// www.sd-book.com.cn
发行部：（0531）82098027 82098028

新华书店经销
三河市华东印刷有限公司印装

规　　格　16 开（170mm×240mm）
印　　张　8.25
字　　数　150 千字
版　　次　2014 年 5 月第 1 版
印　　次　2024 年 1 月第 2 次
ISBN 978-7-209-06566-5
定　　价　39.80 元

如有印装质量问题，请与出版社总编室联系调换。

前 言

　　小藻球是怎样净化污水的呢？含羞草可以预报地震吗？卷柏为什么又叫九死还魂草呢？你见过能预测气温的草吗？什么是臭氧层？为什么水开后会冒蒸气？混凝土车为什么会边走边转呢？仿真汽车是汽车吗？青春期的女孩很容易长胖吗？我为什么长大了？多吃甜食有好处吗？为什么不能空腹吃柿子？没有炒熟的四季豆为什么不能吃？发芽的土豆为什么不能吃？……生活中有太多令小朋友们好奇而又解释不了的问题。别急，本套丛书内容涵盖了人体、生活、生物、宇宙、气候等各个知识领域，用最浅显通俗的语言、最幽默风趣的插图，让小朋友们在轻松愉悦的氛围中提高阅读兴趣，不断扩充知识面，激发小朋友们的想象力。相信本套丛书一定会让小朋友及家长爱不释手。

　　让我们现在就出发，一起到科学的王国探秘吧！

用心发现，原来世界奥秘无穷！

目录

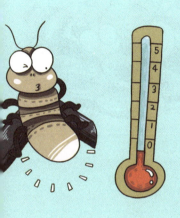

漆黑的郊外，谁打着灯笼？

在夜幕来临的时候，整个城市被一盏盏灯照射得异常璀璨。夜晚的生活因为这些灯而显得没那么落寞了。那小朋友们去郊外的时候，有没有发现在漆黑的草丛中，有一群打着灯笼飞舞的虫子？那些虫子也是不甘寂寞的哦。因为它们，黑漆漆的草丛有了不一样的光彩。小朋友们，你们想知道它们到底是谁吗？那就让我们一起扒开草丛去看看吧！

这些提着灯笼飞舞的小虫子是一种体型娇小的甲虫，因其尾部能发出荧光，故名萤火虫。当然，它们还有很多小名，比如夜光、景天、熠熠、夜照、流萤、宵烛、耀夜等。它们的身形扁平细长，头比较小，被较大的前胸盖板盖住，体壁和鞘翅较柔软。

小朋友们，你们若是仔细观察过那些小小的虫子，你们可能会发现，有些萤火虫好像不会飞，只会静静地趴在草根上。充满好奇心的小朋友可能会意识到，这会不会是和萤火虫的性别有关呢。的确如此，在萤火虫的世界里，男孩子跟女孩子可是一点都不一样哦。男孩子——雄虫，触角较长，有11节，呈扁平丝或锯齿状，腹部可见腹板6—7节，而且它们大多有翅膀，可以飞翔；而女孩子——雌虫，没有翅膀，不能飞翔，但是身体比雄虫大。

　　肯定有小朋友有疑问了，草丛里有那么多的虫子，为什么只有萤火虫才能发光呢？那些光亮真像是小路灯呢，但是路灯不是需要电才能亮吗？原来在萤火虫的腹部有一个神秘的发光器，这就是它们不用电也能发光的秘密武器。这个神秘的发光器是由成千上万个发光细胞组成的，这些细胞里含有大量的荧光素和荧光酶。荧光酶在氧气的作用下与荧光素发生化学反应，从而转变成光能。小朋友们，你们肯定也会留意到那些萤火虫的光是一闪一闪的，其实这是由在光能的转化过程中参加反应的氧气量来决定的，所以我们看到萤火虫尾巴上的光亮是一闪一闪的。你们还不知道吧，雌虫发出的光会比雄虫的光更亮呢！

　　小朋友们，你们是不是觉得萤火虫的那些光亮就像是一个个小灯笼呢？其实，在我国的古代，有人就是拿它们当灯笼来照亮夜空的。那个时候的人们很穷，买不起油灯，所以天一黑爱学习的小朋友们就没办法看书了。于是，有聪明的小朋友就想到了很好的办法，他们抓来很多很多的萤火虫放在一个口袋里，把萤火虫的光源集中在一起，那样漆黑的夜晚就被照亮

了。其实，不只在我国，17世纪时，西班牙军队还曾经收集了大量的萤火虫伪装成夜战部队的灯光，给敌军一个措手不及；在墨西哥，爱美的青年妇女会将萤火虫装在漂亮的小纸袋里，作为头发和衣服的闪亮装饰。

小朋友们，了解了这么多，你们是不是想马上去抓几只萤火虫过来玩呢？那你们可得挑好时间呢！因为萤火虫一般都活跃在夏季的河边、池边、农田边。

有的小朋友肯定会想，萤火虫除了具备观赏价值，它们还有别的作用吗？这个问题，科学家们早就想过了。有科学家对萤火虫进行了研究，发现普通白炽灯会产生95%以上的辐射，而

相比之下，萤火虫的光仅产生了10%的辐射。研究人员用荧光素和荧光酶人工合成了冷光，制作成照明灯和提示灯。这些灯常用于容易发生瓦斯爆炸的矿井和弹药库这些危险的地方。当然，它们还被用作清除水雷的水下照明灯。

　　小朋友们，看了这么多，你们对萤火虫有没有加深了解呢？是不是想立刻去抓回几只探个究竟呢？可是，小朋友们，你们知道吗？萤火虫可是益虫呢，它能消灭那些对农作物有害的虫子。所以呀，你们若是遇到了它们，记得要给它们自由哦！

萤火虫发光的作用

萤火虫发光到底有什么作用呢？最初，科学家们提出了求偶、沟通、照明、警示、展示、调节族群等几种假设，但经过长时间的观察，只有求偶和沟通作用得到了有力的证明。直到近几年，科学家们才又证明了萤火虫发光有警告其他生物的作用。

什么是冷光？

冷光分两种，一种是光线中含热量极少的荧光和磷光，另一种是波长较短的光，如紫光、蓝光和绿光等。第二种光因为会令人产生较冷的生理感觉，所以习惯上被人们称为"冷光"。自然界的很多生物，如细菌、真菌、蠕虫、软体动物、甲壳动物、昆虫和鱼类等，都能发出光，并且它们发出的光都无法产生热量，所以被人们称为"冷光"。

田园歌唱家——蟋蟀

小朋友们，你们喜欢听演唱会吗？你们有没有去过现场看演唱会呢？相信绝大部分的小朋友肯定在电视上都看到过演唱会，那些著名的歌唱家在舞台上又唱又跳的，台下的粉丝不断地尖叫着，现场的气氛异常热闹。你们知道吗？在我们美丽的大自然里，也有那么一位歌唱家哦！它的歌声在漆黑寂静的夜晚，可以传得很远很远，不仅如此，它还拥有一大批的粉丝

呢！最奇特的是，它竟然不用嗓子就可以唱出动听的歌曲，你们想知道它是谁吗？

小朋友们一定很好奇，先别着急，听我慢慢给你们解释。

其实，这位大自然的歌唱家就是被我们俗称为蛐蛐儿的蟋蟀。它是一种个头小小的昆虫，褐色的外表，触角细而长。它的后足跗节三节，在腹部还有2根细长的尾须。蟋蟀非常善于跳跃，但是白天的时候它就像个性格孤僻的小朋友，躲在阴凉中不肯出来，只有等到夜晚来临

　　时，它才会利用强壮的后腿，蹦蹦跳跳地出来寻找食物。

　　在我国有一种传统的娱乐节目叫作"斗蟋蟀"。人们将两只凶悍强壮的蟋蟀放在一个小瓷碗中，众人围观二者争斗。肯定有小朋友会问，为什么它们关在一起会打架呢？其他的小昆虫怎么都是成群结队生活的呢？你们不知道吧，这个是蟋蟀们的天性哦。它们生性好斗，通常是为了争夺食物、巩固自己的领地和占有雌性。当然，不是所有的蟋蟀都是好斗的。那些雌性的蟋蟀，就跟我们人类的女孩子一样，也都是非常温柔安静的。

　　说了这么多，小朋友们最好奇的问题还没解释，为什么蟋蟀唱歌都不用嗓子呢？那是因为，在蟋蟀的前翅上，长有旋涡

纹状的翅膜。一边翅膀长着锉刀状的翅膜，相当于弦器，另一边翅膀长着较硬的翅膜，相当于弹器。当这两种发音器相互摩擦，就能发出声音。我们听到的清脆的唱歌声就是蟋蟀翅膀摩擦的声音。

　　抓过蟋蟀玩的小朋友肯定会疑惑，为什么我们抓的蟋蟀不会发出声音呢？难道抓错了吗？小朋友们，不要怀疑你们的耳朵哦，在蟋蟀的族群里，确实是有不会发出声音的。那就是雌蟋蟀。雌蟋蟀的翅膀上没有发声的构造，而且花纹也跟雄蟋蟀的不一样。这大概就是为什么雄蟋蟀震动着翅膀投入地唱歌的时候，雌蟋蟀们会成排结队地循声而来，就像是雄蟋蟀忠实的粉丝一样。

　　小朋友们，你们肯定不知道吧，那个长得有点黑乎乎的歌唱家，是非常爱干净的。有的小朋友要是想把它当宠物养，可得小心仔细了。若是你们不能保证它所处的环境中空气清新干净，它就会心烦气躁，不停地梳理着长须，气急败坏地蹬着腿。

　　小朋友们，别看蟋蟀可以唱出动听的歌曲，其实，它彻彻底底是一只会伤害庄稼的害虫呢。小朋友们可千万不要被它们给迷惑了！

漂亮的"花大姐"

　　小朋友们，你们听说过"花大姐"吗？有的小朋友已经说对了，就是那色彩斑斓的瓢虫。这种漂亮的瓢虫喜欢栖息在棉花树上，这是为什么呢？身处雪白的棉花上不是更容易被敌人发现吗？它们可不怕，因为这些小家伙在遇到敌人时，有自己的制胜法宝哦。小朋友一定等不及想要知道真相了吧？那就跟我一起去了解一下吧。

瓢虫的身体只有黄豆大小，翅鞘多呈橙红色，在左右两侧各有3个黑点，两只翅膀联结处的前端有一个更大的黑点。当然，由于瓢虫的品种有差异，所以它们的外壳颜色也有些差异，小朋友们，可不要认错它们哦。

小朋友们，你们可千万不要以为瓢虫个头小比较好欺负哦。你们一定还不知道吧，七星瓢虫有一种装死的能力呢！当遇到强敌或突然受到外界的惊吓时，它会立即从树上落到地下，像是失去了知觉一样，躺在敌人的眼前，结果，敌人一般都会认为它已经死亡从而离开。不仅如此，七星瓢虫也有较强的自卫能力。当遇到敌害侵袭时，它的三对细脚的关节上能分泌出一种

极难闻的黄色液体，使敌人因受不了那种气味而仓皇逃离。

看了这么多，小朋友们是不是对这种虫子的聪明才智很赞赏呢？其实，它对我们人类的作用，远远超出我们的想象。

虽然瓢虫的自卫能力很强，但它的生命期很短，才将近80天！可是，这么短暂的生命里，它可取食上万头蚜虫，这个数字会不会让小朋友们对它刮目相看呢？可以说，瓢虫的一生就是来消灭害虫的。怪不得，人们亲切地将它称为"活农药""麦大夫"。

小朋友们，你们现在了解了它们为什么喜欢趴在棉花树上了吧？那是因为它们在保护脆弱的棉花树呢！如果你们在棉花树上看到了它们的身影，可千万不能去打扰它们的工作哦。我们的树木、农作物因为有它们的帮助才没有受到那么多害虫的侵害呢！

力大如牛的虫虫

　　小朋友们，如果我说有一种东西，它是牛却又不是牛，你们一定会觉得很奇怪吧？呵呵，小朋友们，我们今天要介绍的这个昆虫体型虽小，可是却力大无穷。它长着坚硬的牙齿，还有长长的触角。说到这，肯定有小朋友已经猜出来了。是的，它就是天牛。相信很多小朋友都曾经抓过它们当玩具玩吧？那你们一定也好奇它们为什么会有那么厉害的牙齿吧？别着急，让我来告诉你们吧！

这个叫天牛的生物，可并不是牛哦，它只是一种植食性的昆虫。小朋友们，你们肯定不知道吧，我们常见的那些都是天牛的成虫！它的成虫体型呈长圆筒形，背部略扁；长长的触角着生在额的突起上，具有使触角自由转动和向后覆盖于虫体背上的功能。但是，它们的幼虫长得可完全不一样。天牛的幼虫身体粗肥，多呈长圆形，略扁，少数体型细长，头横阔或长椭圆形，常缩入前胸背板很深。小朋友们，你们要是看到了这样的天牛，可不要怀疑哦，它们只不过还没长大而已。

　　相信抓过天牛的小朋友都知道抓天牛最好的地方在哪里。为什么那里是天牛最喜欢的地方？

天牛幼虫

没错，我们要想去抓天牛，最好选择长满大树的地方。无论是生活还是产卵，它们都会用它们尖锐的牙齿先将树皮咬破，把自己藏到大树的身体内。小朋友们，你们是不是觉得这些天牛很坏呢？如果我说那些刚出生的小天牛更坏，你们相信吗？有些小朋友肯定会摇头，小天牛可没有大天牛那么坚硬的牙齿吧。如果你这么想，那就错了。天牛的牙齿从刚出生时就已经是非常坚硬了。它们一出生就会用上颚啃食树干，一点一点地侵蚀着树木的健康。更厉害的是，它们能利用先天的本领藏在树洞里生活，并且一待就是一两年。它们在大树的身体里四处打洞建造隧道，还会在树皮上啃出小口把排泄物和木屑推

出树洞，同时让里面充满氧气。就这样，天牛会一直不停地啃食树干，直到这些树木逐渐枯萎甚至死去。可以说，拥有尖锐牙齿的天牛就是树木的天敌。

看了这些，肯定有小朋友心疼我们的大树了吧，有没有其他动物可以将这些可恶的天牛吃掉呢？猫头鹰可以吗？

猫头鹰虽然也能保护树木，可是它们对这些外壳坚硬的昆

虫却是没什么办法的。其实，我们整个的自然界就是一个大大的食物链，每个小生命都会有对应它的克星。这些坏坏的天牛当然也逃脱不了，它们的克星就是以"寄生"方式存活的马尾蜂。马尾蜂到产卵期时，它们就会借助天牛妈妈咬出的树洞把自己的卵也产在里面。这样小马尾蜂就会和小天牛会面了，它们天天生活在一起却不是好朋友，因为天牛可是马尾蜂最好的营养品了！小马尾蜂刚一孵化出来，就会把小天牛身上的营养吸干，这些小天牛就会夭折在树洞里，再也不能去残害大树了。

看了这些，你对这种残害大树的"坏蛋"有没有多一点了解呢？小朋友们，你们在寂静的树林中穿行时，若是听到传来"咔嚓""咔嚓"的声音，不要疑惑，那就是天牛啃咬树木发出的声音了。当然，为了解救大树，你们可以抓着它们长长的触角让它们离开大树哦！

天牛还有哪些名字?

除了这个正式的名字，天牛还有许多其他有趣的名字哟！因为它们总是喜欢发出"咔嚓咔嚓"的声音，听上去就像是人们锯树发出的声音，所以它们又被叫作"锯树郎"。另外，在我国的南方，有些地区习惯叫天牛为"水牯牛"，而在我国的北方，有些地区则习惯叫它们为"春牛儿"。这些有意思的名字都是人们为天牛起的外号。

天牛的死敌——马尾蜂

马尾蜂属于小茧蜂科，是一种寄生蜂。它的头部是橙黄色的，长着褐色的复眼，另外还长有三只单眼。马尾蜂的触角呈丝状，其长度与身体的长度相等，全身呈赤褐色。雌性马尾蜂的尾端长有马尾一样的产卵管，故被人们命名为马尾蜂。

爱吃臭便便的家伙

小朋友们，说到美味的食物，你们会想到些什么呢？可能很多小朋友都会说香甜可口的蛋糕、入口即化的巧克力、香飘万里的烤肉等。但是，若是把臭臭的便便当成美味，小朋友们肯定是很难接受的吧。不过，在我们神奇的自然界，真的有一种虫子把令我们作呕的便

便当成美味呢！这个有着怪胃口的家伙是谁呢？除了这个怪习性，它们还有什么其他习性呢？好奇的小朋友们，让我来告诉你们吧！

这个有着重口味的家伙被人们俗称为"屎壳郎"。现在你们知道了吧？没错，它们就是蜣螂。蜣螂的身体为椭圆形，呈黑色或黑褐色，体形较大。

看了这些，肯定有不知道的小朋友会产生疑问，为什么人们要称它们为"屎壳郎"呢？告诉你们吧，因为蜣螂最爱吃的东西就是那些臭臭的粪便！所以，人们才会这么称呼它们。肯定有小朋友会因它们这样的爱好露出一脸嫌弃的样子！小朋友们，你们

可千万不能嫌弃它们哦，它们的作用可是非常大的。它们还有一
个更好的名字，那就是"自然界清道夫"。

不知道小朋友们有没有去过郊外？在乡间的土路上随处
都能看到动物们留下的粪便。若是有细心的小朋友去观察过的
话，肯定就能看到奋力工作的蜣螂了。它们会用头上的角把粪
便堆在一起，再用前脚把那些粪便拍成球形。不仅如此，它们
会将那些粪便球推走，因为那些可是它们的粮食呢！为了这些
粮食，它们通常都需要费很大的力气，才能将这些比自己的身
体大很多的球球推回家去。

看到这里，肯定有小朋友会觉得这些蜣螂其实就是贪吃
的虫子吧。要不然，它们为什么要把那么多的粪便球都推回去

呢！这么想，你们可就错了。这些臭球球可是蜣螂送给它们小宝宝的礼物呢！蜣螂妈妈在产卵前先用土把这个粪球包成梨形，然后藏起来，等到产卵的时候，雌蜣螂就会把卵产在梨型便便的颈部。小蜣螂出生后一睁眼就可以看到妈妈送的这个臭球球了。它们从幼年就吃着它，等到吃完了，它们也长成成虫了，这个时候它们就会从土里钻出来。

　　小朋友们，现在对它们的看法有没有发生变化呢？要是没有它们，我们美丽的田野上就会到处都是动物们留下的粪便。而且那些粪便还会引来大量的苍蝇蚊虫，把病菌传给人畜，严重地影响人类的生活。

小朋友们，我要是告诉你们这些臭臭的蜣螂还能用来治病，你们会不会更加诧异呢？这些专吃粪便的臭臭的虫子，在我国中药史上也有很重要的地位呢！这些蜣螂在中药界还有一个名字叫蜣螂虫。它能解毒、消肿、通便，常用于治疗疮疡肿毒、痔漏、便秘等症。

小朋友们，若是你们有一天因为"上火"而出现便秘的症状，医生给你们开的药里面，可能就会有它们的身影哦！你们说这些脾气怪怪的小虫子们，是不是有很大的用处呢？

潜在水里的冷酷杀手

很多小朋友在夏天的时候一定都去过公园里的小池塘边乘凉。细心的小朋友们肯定会看到，在那些平静的水面上会出现很多小虫子。那些小虫子时而飞到空

中俯瞰水面，时而却猛地潜到水里捕食。小朋友们，看到这些有双重本领的虫子，你们好不好奇呢？如果我告诉你们，这些个头小小的虫子是水中的霸王、鱼塘的大害，你们会相信吗？小朋友们肯定会有疑问吧，这么猖狂的小家伙到底是谁呢？它们怎么会有这么大的本领呢？别着急，让我来给你们——介绍吧！

这种猖狂的小虫子叫作龙虱。它们通体呈黑色，并且闪着亮亮的光泽，背部拱起，呈优美的流线型。龙虱的习性凶猛贪食。它们不仅吃小鱼、小虾、蝌蚪等，就连体积比自己大几倍的鱼类、蛙类等它们也会奋力攻击，猎物一旦被它们咬伤，附近的龙虱闻到血腥就会一拥而上。只要有食物，它们可以将自己的身体完全没进水里。

细心的小朋友认真地看过那些埋在水里的龙虱后，肯定会有疑问了。像鱼、虾等水生动物时不时都要探头出来换气，那么那些贪吃的龙虱们怎么能到水里半天才将身体浮出水面呢？它们不会被淹死吗？

　　善于观察的小朋友们，你们的思考值得表扬。对于生活中的事物，我们一定要保持一颗好奇心。龙虱潜到水中，可不是一下子就能完成任务的！起初它们会停在水面把头朝下，让身体的末端露在水面上，过一会再把头伸出水面，不多会儿又潜下水去。这样反复交替数次后，它们会让身体末端生出一个小泡泡。小朋友们，你们知道吗，这个小泡泡就是它们能够长时

间潜在水里的秘密武器。通过这个泡泡，龙虱能把呼出的二氧化碳挤到泡泡外面去，新鲜的氧气也会趁机溜进来。氧气进入气泡的速度可比二氧化碳扩散的速度快三倍，所以在那个气泡中永远有充足的氧气，这样龙虱想在水里潜多久就潜多久。

　　小朋友们，看了这些，你们对它们有多一点认识了吗？那你们有没有一点好奇呢？那么小的虫子，怎么敢跟那些比巴掌还大的鱼抗争呢？解释这个问题之前，我们得先观察它们的样子。在龙虱小小的身体上，长着一对尖利的像钩子般的大颚，在这个大颚里有一根通往食道的小管。大颚扎住猎物后，

这个小管就会从食道中输出一种液体，液体里的毒素会将猎物麻痹，然后小龙虾就会像蜘蛛一样吐出消化酶，把猎物液化成肉汁。

小朋友们，现在你们知道为什么龙虾在捕猎的时候会那么凶猛了吧？这么凶猛的水中霸王，在我们人类的世界里，也是一道美味佳肴呢！不仅如此，它还具有较高的药用价值呢。

小朋友们，看了这些你们是不是对龙虾充满了好奇呢？那就找时间去池塘边看看吧，不过千万要记住了，一定要在爸爸妈妈的带领下才能去哦！池塘边可是非常危险的地方，在没有大人陪伴的前提下，一定不要私自到池塘边追逐嬉戏哦！小朋友们，你们记住了吗？

"拦路虎"——虎甲

小朋友们，不知道你们有没有过这样的经历。当你们走在乡间的小路上时，旁边不时会出现几只有着鲜艳颜色的小甲虫，一旦我们接近它们，它们就飞到我们前方不远处的地方停下；若是我们再靠近它们，它们又会朝着前方飞一段距离，看起来，就像是故意逗着我们玩！如果我说，这种虫子的习性就

是这样的，你们会不会相信呢？若是小朋友反过来逗逗它们，它们也会上当受骗的。这么有趣的虫子到底是谁呢？小朋友们，别着急，让我来给你们解答吧！

这些非常有趣的虫子就是被我们俗称为"拦路虎""引路虫"的虎甲。它们的个头中等，一般有着鲜艳的颜色和斑斓的色斑，大大的脑袋上有突出的复眼，触角长在两眼之间，像小细丝一样，长长的分出11节。鞘翅盖住了虎甲的腹部，六条细长的胸足是它们能够迅速奔跑的法宝。它们的胸部总是驮起来，而腹部又弯成月弧状，在它们的第五腹背面突起的地方，则长着一对非常厉害的逆钩。

细心的小朋友们肯定会发现，这些号称是拦路虎的虎甲们最喜欢的就是大白天在路上散步。它们做出这样的举动，小朋友们是不是会嘲笑它们笨呢？如果我说它们在捕食的时

候是非常聪明的，你们信吗？这些看起来胆子很大，喜欢生活在洞底的虎甲，知道自己的猎物喜欢小草，它们会把自己的上颚和触角露出洞外，然后模仿小草晃动的姿态，当猎物毫无防备地爬到附近时，它们会突然一跃，将猎物拖到洞里去。

这样的做法，小朋友们有没有对它们拍手称赞呢？可能有些小朋友会有疑问了，若是这样的引诱，把它们的天敌给招来了，它们岂不是直接就被当成食物吃掉了？

哈哈，小朋友们放心吧，它们敢这么做，可是做好了防护措施的。若是不幸引来了天敌的攻击，它们会弯曲着身体迅速躲进洞里去。当然，即便这样，虎甲有时也会被天敌死死地咬住上颚，于是它就会用腹背上的逆钩死死地钩住洞壁，让天敌

们没那么容易吃到自己！

　　小朋友们，看了这些内容，你们还敢说那些大白天出来拦路的虎甲们笨吗？对于动物来说，它们的智商可不低。不过，虎甲也有个致命的弱点，那就是有点猖狂，不太能经得起引诱！你们若是拿着一根细草秆插到它们的洞内，不一会儿，一只驼背的虎甲就会出现在草秆的另一头了！

　　小朋友们，你们说虎甲是不是很奇特呢？若是下次你们发现了它们的洞穴，就可以用这个办法把它们抓出来哦。

扑哧——谁放屁了？

　　小朋友们，你们看到过一种身上花花的虫子落在地上或是家里的玻璃上吗？胆大的小朋友有没有试着用手去摸它或者去抓它呢？有经验的人都知道，一旦触碰到它们，就会闻到一种很臭的味道，那种味道难闻极了。你们知道这种会放臭屁的虫子是什么吗？它怎么这么惹人讨厌呢？小朋友们，千万不要着急，听我慢慢给你们介绍吧！

　　因为这种小虫会放臭屁，所以大家都爱叫它"放屁虫"，

它的学名叫作"椿象"，人们一般称它为"臭椿象"。臭椿象的身体扁平，身上的甲盖有着各种各样的颜色，看起来就跟普通的甲虫一样。

肯定有小朋友会问，为什么别的昆虫没有放屁那么奇怪的本领呢？这个本领得益于它们独有的发达的臭腺。当然，它们放屁是为了保护自己的安全。当它们的安全受到威胁的时候，它们会从尾部喷射出一股股青烟，伴着噼啪的声音，同时散发出难闻的臭气。还有一个奇特的地方，椿象小的时候，它们的臭腺长在肚子上，等到长大后，臭腺就会跑到后胸上。这就是为什么我们遇到的椿象外形有点不一样。

小朋友们，你们肯定也不知道吧，这么臭的小虫子们可是非常重情重义的。很多昆虫在出生后就会走上独立的道路，可

是小椿象在出生后，并不会像别的昆虫那样马上离开找吃的，它们会在原地等待别的兄弟姐妹出生。每一个刚出生的小椿象，都会安静地守候在自己的卵壳旁边，等所有的兄弟姐妹都出来以后，它们会相依相伴地环绕着卵壳走上几圈，仿佛是认识一下大家，然后再不舍地离开。不仅是刚出生的小椿象，就连产完卵后的椿象妈妈也是如此贴心。

经常看动物世界的小朋友肯定知道，在动物界，有小部分的动物是由爸爸抚养长大的。椿象就是由辛苦的椿象爸爸抚养长大的。平时，椿象爸爸会背着椿象妈妈在水里游逛，然后给它找吃的。椿象妈妈在产卵的时候把卵产在椿象爸爸的背上。椿象妈妈会在产卵不久后死去，剩下椿象爸爸要承担起养育孩子的重任，直到小椿象出壳游走，这位伟

大的爸爸才松了一口气。

　　小朋友们，看了这些，你们是不是会对这些伟大的小虫子感到敬佩呢？它们的这些精神可是非常值得我们去学习的。这样看来，你们还会觉得那些带着臭味的虫子令人讨厌吗？

椿象的屁为什么那么臭？

小朋友们，你们一定想知道，为什么椿象的屁那么臭吧？它们的臭屁似乎跟人类放的屁不太一样哦。科学家经过研究发现，椿象产生的臭气的主要成分是苯二酚和过氧化氢。这些成分在椿象的体内经过氧化酶的氧化之后，生成了苯二酮气体并排出体外。而人类所放的屁的主要成分是氮气和二氧化碳，并有少量的氧、氢和甲烷，还夹杂有氨、硫化氢、吲哚和粪臭素。不仅如此，椿象放屁，是因为它们的生命受到了威胁，这是它们的自卫手段。而人类却是因为自身的肠道蠕动而引起放屁的。

椿象是害虫还是益虫？

椿象的种类特别多，大概有三万多种。大多数种类的椿象都是害虫，只有一少部分种类是益虫。以瓜类汁液为食的椿象，会使果子长出硬疙瘩，失去食用价值；以树木和花卉为食的椿象，会使绿化效果大打折扣；水栖椿象以幼鱼为食，会给养殖业带来危害，这些椿象都属于害虫。有一些椿象以小虫为食，对农业有益，属于益虫。

它是在磕头求饶吗？

小朋友们，你们喜欢过年吗？每年过年的时候，家家户户贴春联，放鞭炮，十分热闹，晚辈给长辈磕头拜年，还可以拿红包。小朋友们一定想不到，在广袤的草原上，也有一群深谙磕头礼仪的小虫子，但是它们可不分节庆，当然它们也不索要

红包。小朋友们，你们好奇它们是谁吗？它们怎么会有这样的喜好呢？

　　这种虫子叫"叩头虫"，俗称"磕头虫"。一般来说，叩头虫的体色都呈现乌黑、褐色或是黑色，在它们的身体上布满了细毛或是鳞片。而有极少数的叩头虫身上会出现鲜红色，或是金属色，而这些少数种族的身体是光亮无毛的。它们的触角有很多不同的形状，有的像是丝状，有的像栉状和锯齿状，这些触角和大多数昆虫的一样，都长在离复眼很近的地方。那肯定有小朋友会问了，为什么我们看到的叩头虫长得不太一样呢？它们的触角好像有些差别呢？

其实和我们人类很像，叩头虫也有男女的差异呢！因雌雄的不同，它们的触角的节数和形状也会不同。

小朋友们是不是对它们不停磕头的动作也感到好奇呢？也许有的小朋友会嘲笑它们只会用磕头来讨好、取悦别人！其实，小朋友们，你们千万不能嘲笑它们哦，它们在遇到危险时不断地磕头，实际上也是它们在长期的进化过程中形成的一种躲避危险、越过障碍的本能反应。不仅如此，它们其实还是很聪明的小虫虫呢！

当叩头虫遇到危险时，它们会立刻仰面朝天地躺在地上装

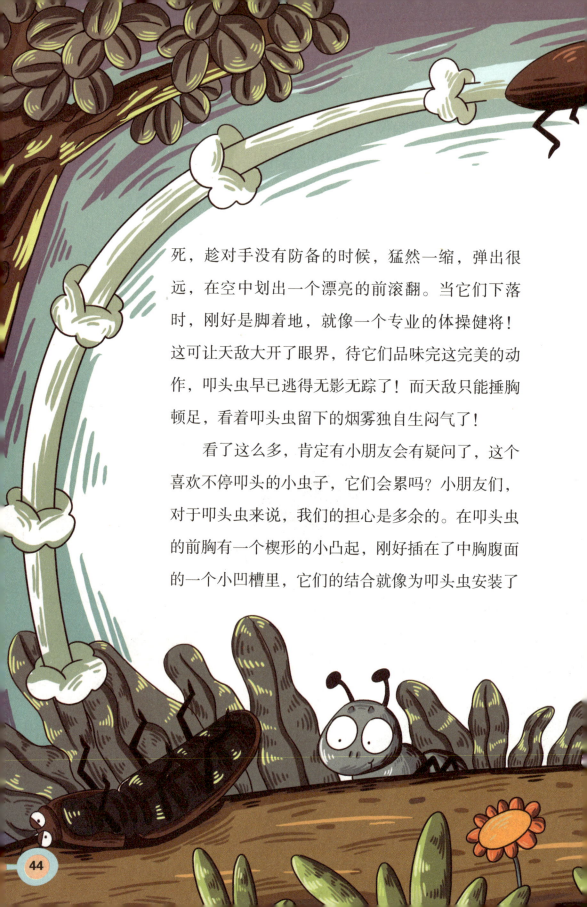

死，趁对手没有防备的时候，猛然一缩，弹出很远，在空中划出一个漂亮的前滚翻。当它们下落时，刚好是脚着地，就像一个专业的体操健将！这可让天敌大开了眼界，待它们品味完这完美的动作，叩头虫早已逃得无影无踪了！而天敌只能捶胸顿足，看着叩头虫留下的烟雾独自生闷气了！

看了这么多，肯定有小朋友会有疑问了，这个喜欢不停叩头的小虫子，它们会累吗？小朋友们，对于叩头虫来说，我们的担心是多余的。在叩头虫的前胸有一个楔形的小凸起，刚好插在了中胸腹面的一个小凹槽里，它们的结合就像为叩头虫安装了

一个弹力机关一样。当肌肉一收缩，前胸就会有力地收拢，这样，它们的头就自然地向下撞击，再借助地面的力量，反弹回来。

　　叩头虫可真是很有意思的小虫子呀。除了我们介绍之外，它还有哪些特性呢？这就要小朋友们自己去发现了。在生活中做一个充满好奇心的人，善于观察、勤于思考，你们会发现生活是有很多乐趣的。

灵动的燕凤蝶

　　"小燕子穿花衣，年年春天来这里。"这首儿歌里唱的小燕子，小朋友们肯定不陌生吧。小燕子最有特点的就是它那剪刀似的尾巴。在我们的生活中有一种蝴蝶长得也很像小燕子呢。它们不仅会像小燕子一样在低空飞行，而且还长着跟小燕子一样的尾巴。好奇的小朋友们，你们是不是想立刻去认识它们呢?不要着急哦，让我来告诉你们吧。

　　我们提到的这种长得跟燕子很像的蝴蝶，有一个好听的名字，叫燕凤蝶。在它们黑褐色的身上，有着两条修长的尾突，乍一眼看，跟小燕子的尾巴很

像呢！

　　还有一个知识要告诉小朋友们哦，燕凤蝶是存在于我国的最小的凤蝶呢！它的双翅展开只有2厘米长。不过，如果你们认为它们这么小的体形，飞行速度会很一般，那你们可就大错特错了。它们的飞行速度很快，快到难以被人们捕捉，此外，它们还能悬浮在半空中静止不动呢！它们的这个本领，是不是很厉害呢？小朋友会好奇为什么它们有这样的本领呢？原来呀，它们的一对翅膀通过急速振动，促使气流变化，使它们浮在半

空中，而双尾的摆动，又能够让它们保持平衡。

　　有见过燕凤蝶的小朋友看了我们的介绍，肯定会提出一些疑问。为什么看到的燕凤蝶和这里介绍的颜色有很大的差别呢？难道它们不是燕凤蝶吗？细心的小朋友们，你们的发现也没有错哦。其实，我国燕凤蝶的种类有很多。当然，不同种类燕凤蝶的颜色也是不同的。所以，小朋友们，你们千万不要怀疑自己的眼睛哦。

　　小朋友们，在你们的印象中，蝴蝶喜欢玩水吗？是不是它们的翅膀一旦湿了，就很难飞起来了？不过燕凤蝶却是玩水的高手呢！喜欢去户外游玩的小朋友们，或许已经在夏季的池

塘、小溪边发

现它们的身影了！成群

的蝴蝶贪婪地吸着水，它们一边吸水一边喷着，就像是小朋友

们玩打水仗一样。想知道它们为什么这么干吗？其实它们这样

做只是为了把身体内的热量通过喷水的方式排出。在炎热的天

气里，蝴蝶们也是要找个方式降温的啊！

　　这么奇特的蝴蝶，小朋友们是不是很想去抓一只来细细观

察呢？如果想去抓它们，可得找对地方哦。蝴蝶喜欢花朵，也喜欢吸食花蜜。所以，若是你们想去抓它们，就到那些开满花的地方去吧。有见过它们停在花间的小朋友，肯定也看过它们吸食花蜜的样子吧！它们在吸食花蜜的时候，双翅会不停振动，长长的尾巴也在不停地摆动着，就连腹部都会故意高高翘起。这样的蝴蝶，看来是找到了美味的食物，才如此兴奋吧！

　　肯定有小朋友会疑惑了，这么美丽的蝴蝶，要是遇到自己的敌人，该怎么办呢？它们看起来好像有点弱不禁风的感觉呢！其实，在自然界能够生存下来的小动物们，可都有自己保护自己的一套办法呢。这些娇小的燕凤蝶们也一样哦，它们有一个很特别的武器，平时我们是很难看到的！那个特别的武器就是它们那对黑红色或灰色的触角。平时，触角藏在头部后面的囊里，一旦受到冲击它们便会突然伸出，同时喷出脂肪酸分泌液，这种液体的最大特点就是味道极臭，敌人们闻到那些臭味就会逃开了。

你们知道吗？这些娇小的蝴蝶，个个都是飞行高手呢。它们在飞行的过程中不停地变换着各种有趣的姿势。时而在空中停留，时而原地打转，还可以左右平移，甚至倒退着飞行等。

小朋友们，这些有着奇特舞姿的蝴蝶们，有没有吸引你们的注意力呢？若是想见到它们，那就常常让爸爸妈妈带你们去宽阔的郊外去走走吧，说不定你们还能看到它们跳着更加稀奇的舞蹈呢！

哇！好吓人的"大眼睛"

小朋友们，你们知道动物有冬眠的习惯吗？肯定有很多小朋友都会点头。是的，在我们的大自然里，有很多动物一到了冬天就开始躲进自己的洞穴里，用睡觉来度过漫长寒冷的冬季。细心的小朋友们肯定也会发现，一些小昆虫在夏天来临的时候会特别的多；但是，一到冬天，好像就看不到它们的身影了。难道它们也去冬眠了吗？你们还不知道吧，这些小小的昆虫的生命可是很短暂的。一旦过完了夏季，它们的生命就差不

多走到头了。有的小朋友会怜悯那些有着漂亮外表的昆虫，它们的生命为何如此短暂？当然也有一种小蝴蝶在冬天的时候，还是能活着迎接新的春天。别急，下面我们马上就开始介绍这种小蝴蝶。

　　小朋友们，你们喜欢孔雀吗？你们去动物园的时候，见到过孔雀吗？今天

要给你们介绍的这种昆虫是一种名为孔雀蛱蝶的蝴蝶，它们有着跟孔雀一样漂亮的外表呢！孔雀蛱蝶长着一对朱红色的翅膀，翅膀的背面呈现出暗褐色，上面布满了黑褐色的波状横纹。在它们黑褐色的背上，还长有一层棕褐色的短绒毛。在它们的两边翅膀上，各有一大一小两枚眼纹。见过孔雀蛱蝶的小朋友们，是否觉得那一大一小的花纹很像眼睛呢？

若是不经意地看到它们，你们会不会被它们的样子吓到呢？小朋友们可别小看了它们的眼纹，那可是它们抵抗敌人最好的武器。孔雀蛱蝶是小鸟们最爱吃的一种美味。它们为了保护自己，只能把自己好好地隐藏起来。它

们在休息的时候，会将自己与周围环境融为一体。但当遇到敌人时，它们会先一动不动地装死，观察敌情，然后突然打开翅膀，用四只大眼睛直盯盯地看着敌人，敌人立刻就被吓得魂不守舍，拼命逃跑了。

这些把敌人吓跑的小蝴蝶们，是不是很聪明呢？不仅如此，它们可以算是蝴蝶家族里最"长寿"的一种！它们能够像那些长有皮毛的小动物一样，度过寒冷的冬季。

在秋天的时候，孔雀蛱蝶就已经为安全过冬开始做准备了。它们会给自己找一处干燥的地方，让自己安安全全地度过冬眠期。渐渐地，它们后翅上的斑纹会变得跟环境很相似，以便很好地伪装自己。等到来年春季，大地复苏的时候，它们才

渐渐活动筋骨，飞出来寻找花朵填饱肚子，开始自己崭新的一年。不过，并不是所有的孔雀蛱蝶在冬季都会乔装起来。在寒冷的冬天，雄蝶的花衣服依然如新，而雌蝶的翅膀上，此时却如枯叶般，眼状斑纹全部藏了起来。

小朋友们，如果你们有幸在寒冷的冬天见到漂亮的孔雀蛱蝶，记得仔细观察一下哦，说不定你们会发现它们更特别的地方呢。

会飞的"落叶"

　　每当秋季来到，公园里、小路边，一片片落叶都跳着优美的舞姿纷纷下落。这时候，你也许会发现有那么一片与众不同的落叶在逆向飞舞。这片会飞的枯树叶可不一定是真的树叶哦，它们也许是一种非常会伪装的昆虫呢！小朋友们一定迫不及待地想知道它们到底是谁，怎么有这么厉害的伪装能力？不要着急，听我给你们介绍吧！

　　这种像枯树叶一样的昆虫是一种蝴蝶，学名叫枯叶蛱蝶。这种叶蝶的形状和普通的蝴蝶差不多。比较奇特的是，枯叶蛱蝶的一对翅膀就像两片两边缺角的叶子。正面呈褐色或紫褐色，偶尔也会看到藏青的光泽，而反面就是枯树叶一样的颜色。

这么有特色的蝴蝶，是不是让人觉得很新奇呢？如果你们在那些枯叶蛱蝶休息的时候见过它们，肯定会更加不可思议的。

当枯叶蛱蝶飞累了，落在树上休息的时候，它们会将扇动的翅膀合拢，站在树枝上，甚至连叶脉都能清晰地看到。细心的小朋友们如果仔细观察的话，还会发现在它们的翅膀里掺杂着深浅不一的灰褐色斑，看上去就像一片生病的叶子。

不过，枯叶蛱蝶可并不是只有单一的暗淡的颜色。你们若是有机会看到它们在空中拍打着翅膀飞舞的样子，肯定会被它们的美所折服的。在它们翅膀的另一面是绚丽的颜色，而这种美只有凤蝶可以媲美！

小朋友们，看了这些，你们对这些善于伪装的小蝴蝶们是不是更加了解了呢？它们还是世界上最著名的拟态大师，你们知道吗，它们装扮叶子已经达到了出神入化的境地。肯定有小朋友会好奇，它们为什么会有这么厉害的本领呢？其实，动物们为了能更好地生存在大自然里，都会寻找到保护自己的方式。枯叶蝶的伪装，也是为了更好地保护自己。每当枯叶蝶受到惊吓时，它们会用最快的速度飞到一棵高大的树木或是林中藤蔓的枝干上，把自己混入到树干和叶片之间，再厉害的敌人也很难发现它们。

另外，枯叶蛱蝶在飞到池边饮水时，也会将自己伪装起来。它们会先把翅平铺在体背上，然后用翅面将整个身体遮盖住，看上去就像是一片苔藓。

小朋友们，你们是不是觉得那些长得有点难看的枯叶蛱蝶非常聪明呢？一定有好奇的小朋友想去树林里寻找它们的身影吧。你们可千万要睁大自己的眼睛，聪明的枯叶蛱蝶可不是这么容易就被发现的。当然，你们也得找对地方呢！

枯叶蛱蝶不喜欢生活在人多的地方，它们多生活在清雅、幽静的地方。例如山崖峭壁、杂木林间、溪流两侧的阔叶片上，都是能让枯叶蛱蝶与大自然融为一体的地方，此外，树干的伤口处渗出的汁液也是枯叶蛱蝶最为喜爱的美食！

小朋友们，你们记住了吗？若是想要去寻找枯叶蛱蝶的身影，要去那些幽静的地方哦！

讨厌的毛毛虫

小朋友们，你们在枝丫上面见过绿绿、软软的小虫子吗？它们慢悠悠地在树枝上爬着，一副惬意的样子。看过它们的小朋友，恐怕没有几个不被它们的样子吓到吧？可以说，它们是非常令人厌恶的虫子。肯定有观察仔细的小朋友发现了，那些令人厌恶的虫子中，有很多浑身上下都长满了短短的毛。这些虫子为什么会长毛呢？这岂不是让人们更加的厌恶吗？不过，这可是它的法宝呢，有了这一身毛毛，连它们的天敌都得躲得远远的。这到底是怎么回事呢，而这些虫虫们又是谁呢？

这些绿色的，看起来软软的家伙，就是毛毛虫。它们的身体虽然是软的，看起来好像是没有脚，但是和其他昆虫一样，它们都是有外骨骼的，并且，毛毛虫还长着3对胸足和5对腹足。

肯定有小朋友会有疑问了，这些毛毛虫的身上怎么还长着那么多的小毛毛呢？这些小毛毛虽然不被小朋友们喜欢，但是对于毛毛虫来说，这可是它们生命的依靠啊！小朋友们肯定都知

道，毛毛虫太胖了，既没有翅膀也没有打洞的本领，若是有天敌来了，它们该怎么办呢？这些毛毛就是毛毛虫用来抵御敌人的秘密武器。敌人若是要吃掉毛毛虫，也会因为它们的这身毛毛而难以下咽的。

小朋友们，你们肯定不会相信吧，这些长相丑陋、满身毛毛的虫子，可是自然界最幸福的昆虫呢！因为这些毛毛虫不用像一般的昆虫一样，需要自己费尽力气地去捕猎食物。毛毛虫最喜欢的食物就是绿色植物，而它们就栖息在大片的绿色植物中。这些令人厌恶的毛毛虫从来都不用担心自己的食物，你们说，它们幸福吗？

一直以来，毛毛虫在人们的印象里都是有毒的，它们身上的毛会把人给蜇伤，这个认识是非常错误的。在毛毛虫的身上，有毒的毛是少之又少的。其实，毛毛虫是个胆小鬼，它根本不敢蜇人！当然，在它们的大家族里，还是有另类的。有一种毒蛾和刺蛾的幼虫，它们身上的毒性绝对会让人们谈之色变的。在毒蛾幼虫的身上并没长着有毒的毛，而是在它们毛的根部生长着许多的小毒针毛。我们的皮肤若是不小心与毒针毛接触了，就会像得了荨麻疹一样，长满小红点。而刺蛾幼虫的毒针碰触到我们的皮肤后，会出现更加厉害的症状。

　　若是细心的小朋友看过关于毛毛虫出生的影

片，肯定会有疑问了，为什么小毛毛虫在出生后要将自己的卵壳吃掉呢？小朋友们不知道吧，那是因为卵壳会提供给毛毛虫们生长必需的养料。毛毛虫的生长速度非常快，仅仅几个星期的时间，它们的体重就会增加一百多倍。到了这个时候，它们的生命也走到头了。

　　小朋友们可不要小看了毛毛虫，这些小小的毛毛虫可是吃叶子的高手呢。它们短短的一生会吃掉上百张叶子。可以说，它们简直就是翠绿叶子的杀手呢！小朋友们，下次见到毛毛虫们在啃咬树叶时，你们大可以借助工具将它们从叶片上移开。

毛毛虫的生存之道

毛毛虫行动缓慢，又没有翅膀，所以生存对于它们而言，不亚于一场战争。所幸，它们十分擅长用伪装来保护自己。昆虫学家鲁诺·克兰佩特鲁仔细地观察过毛毛虫的伪装。他发现，有一种毛毛虫能够将自己伪装成鸟粪，这样就能躲过很多灾难。还有一种毛毛虫擅长偷窃，它们会从植物中窃取毒素，从而拥有致命的毒刺。每当遇到危险时，毛毛虫就会极力把自己伪装起来，以逃脱被捕食的命运。

法布尔的"松毛虫"实验

松毛虫有一个习惯，就是跟在同伴的身后。走在前面的松毛虫会一边走，一边吐出一种丝，后面的松毛虫便会沿着这些丝跟在它的后面走。为了证实松毛虫的这个习惯，法布尔捉来了一些松毛虫，把它们全部放在了花盆的边缘，并在离花盆不远处放了一些松毛虫最喜欢吃和玩的东西。实验结果证明，即使发现了食物，松毛虫们也没有乱了步伐，依旧是一个接一个地跟随在同伴的身后爬向食物。

给人类做衣服的好虫子

当河水化冻，东风拂面的时候，小朋友们就会换下厚重的冬装，穿上轻便的春装。小朋友们肯定都喜欢穿轻薄的衣服吧？那你们知道身上穿的衣服都是用什么制作的吗？有些小朋友肯定会说，棉花。的确，我们的衣服多为棉质的，棉质的衣服不仅舒服，而且价格还很实惠。不

过，还有一种材质，价格虽然昂贵，但是从古至今一直被很多人青睐，那便是丝绸。这种丝绸质地柔软，摸起来滑滑的，穿在身上十分舒服！肯定有小朋友会有疑问了，那些丝是从哪里来的呢？它们是由农民伯伯种出来的吗？哦，不！它们可不是种出来的。它们是一种小虫子送给我们的礼物哦，你们认识那种小虫子吗？它们怎么有这么大的本领呢？

　　这些有着吐丝本领的小虫子就是蚕。它们是一种长得白白、长长的虫子。虽然它们体形不大，可它们的身体却分成了

13节呢。而且，蚕的样子长得怪怪的，在它们的头上除了长着口之外，还长了6对单眼。它们身体的两侧不仅有脚还有很多的气孔，蚕就是靠这些气孔来呼吸的。

　　小朋友们，蚕宝宝和你们一样，都有自己爱吃的东西。蚕宝宝的最爱就是桑叶，当然，它们也是不挑食的宝宝，比如拓叶、榆叶、生兰叶等20多种植物的叶子同样也是它们的食物。

　　养过蚕宝宝的小朋友们肯定会有疑问了，为什么那些蚕宝

宝隔一段时间就像死了一样呢？不仅如此，它们好像每隔一段时间就要换一次衣服呢。这到底是为什么呢？

　　小朋友们，你们不知道吧，那些看起来白白胖胖的可爱小虫子就跟我们新出生的小婴儿一样。它们要用很多的睡眠来补充自己的体力，通常每隔7天它们就要休眠一次，而且这7天不吃不喝一动也不动，就像死去一样。蚕之所以会一直换衣服，是因为蚕宝宝由几丁质构成的外皮就和小朋友的衣服一样，不会随着身体的长高而变长变大。而每次休眠之后，它们的旧衣服就会一点点脱落。每脱皮一次就代表长大了一岁，当蜕到第四次时，它们的生命也要开始变化了。从此，它们开始进入吐

丝结茧的时期，每只蚕一生中吐出的丝足足有700—1500米长呢！当它们完成吐丝的使命后，就会进入最后一次蜕皮，这次蜕皮之后它们会先变成蛹，随后又会羽化成为蚕蛾，最终破茧而出，长出翅膀，自由地飞翔！

　　小朋友们，你们肯定听过物以稀为贵这句话吧。一只蚕一生中吐的丝是固定的，这就是为什么由蚕丝制成的衣服价格如此昂贵了。现在在市面上出现了一种非常便宜的丝，这些便宜的丝可不是真正的蚕丝，它们是由科学家模仿蚕吐丝而制作出的人造纤维。这种人造纤维的价格比真正的蚕丝要便宜得多。

小朋友们，看了这么多，你们对蚕丝有没有新的认识呢？如果你们有机会跟着你们的妈妈去买蚕丝被，可千万要细心啊，真正的蚕丝可是非常昂贵的。记得把这个知识也告诉你们的妈妈哦。

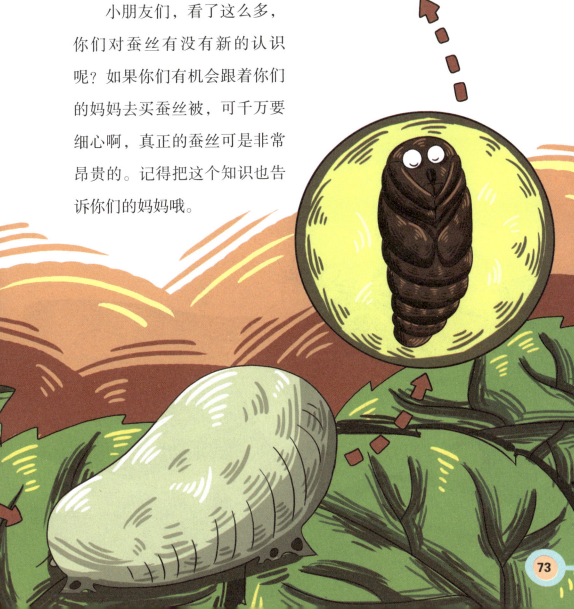

啊！我被它叮了个大包

夏季是个美丽的季节，百花争艳，绿树成荫，不过唯有一点遗憾的就是蚊子太多了。讨厌的蚊子总是会在我们的耳朵边"嗡嗡嗡"叫，不仅如此，它们还喜欢在我们的身上咬出一个又一个包。细心的小朋友肯定还会发现我们打死的那些小东西的身体里还有血呢！这些可恶的家伙怎么会有那么大的能耐呢？

蚊子在夏天的时候经常出没在草丛边、河水边，还有潮湿阴暗的地方。别看这些家伙身体小，但是它们的身体结构可很完整呢！它们的身体分为头、胸、腹三部分。并且它们拥有纤细的腿和身体，在它们的身上有两对翅膀。其中一对翅膀是供它们飞翔的，另一对翅膀则是用来保持平衡的。这就是为什么蚊子们可以随心所欲地飞来飞去的原因了。而且，它们的翅膀还有特异功能！我们听到的"嗡嗡"的蚊子叫声并不是从蚊子的嘴里发出来的，而是由它们身上的翅膀发出的。它们的翅膀虽然看起

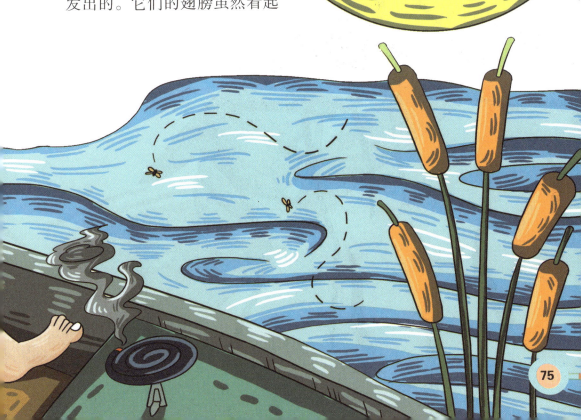

来又软又薄，但当它们飞行的时候，这对翅膀会以每秒500多次的频率振动，我们听到的"嗡嗡"声也就是翅膀振动的声音了。

有些细心的小朋友可能会发现在我们眼前嗡嗡飞的蚊子们存在某些不同之处吧。有的小朋友会问道，为什么有些蚊子被打死后会有血，有些却没有呢？是不是因为它们还没来得及吸到我们的血就被我们打死了呢？我要告诉小朋友们，其实并不是所有的蚊子都是靠吸人血生存的。只有雌蚊子才会吸血维持生命，而雄蚊子只吃素不吃荤，它们以植物的花蜜和果子汁液为食。不过，雌蚊子会吸食人血是因为它们要繁衍后代，也算是被逼无奈的举动了。

蚊子虽然常见，但是小朋友们也不一定很了解它们。例如

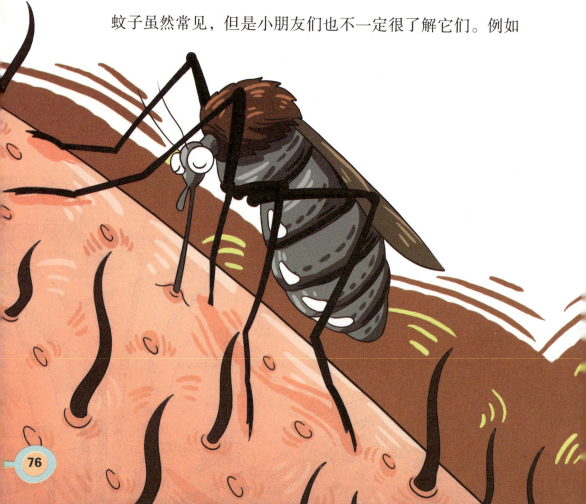

在我们的印象中，肯定会认为蚊子是黑色的。不过，事实并非如此。你们可不要小瞧蚊子哦，在蚊子的体表上覆盖着很多形状和颜色不同的鳞片，这些鳞片会呈现出不同的颜色。所以，它们不是黑色的，而是彩色的呢！

被蚊子咬过，我们的身上会落下个红红的包，这都是拜蚊子所赐。我们不喜欢蚊子主要是因为它们的嘴上那根毒针。其实蚊子嘴上的毒针，并不是只有一根，而是由6根蜇针组成的。小朋友一定会不相信吧？那么小的蚊子怎么长得下6根针呢？其实这些针是比我们头发还要细的小管子，在它们的外面包着一层皮用来做保护，蚊子的

嘴，就像个小夹子一样，夹着这6根针，这样就成了一个强大的吸血武器了！

不要说用6根针了，平时用一根针来扎我们的皮肤，我们都会疼痛难忍。可是蚊子是怎么做到在我们几乎毫不知情的状态下把我们的血吸走的呢？原来它们的口器呈锯齿状，这样与人皮肤接触的面积就会很小，人的神经系统是不会察觉到的，自然也就感觉不到疼了！

有一个好消息要告诉那些常常进医院的小朋友了哦。有日本的科学家已经根据蚊子口器的原理，研制出了一种模仿蚊子口器的医用针头。这种针头长1毫米，直径也仅有0.1毫米，而最

让人惊叹的是，这种针上也有锯齿，这些锯齿的厚度仅有1.6微米！这样的设计让针头与我们的皮肤接触的面积变得相当小，小朋友再打针时，就不会感到疼啦！

　　小朋友们，看了这么多，你们是不是对那些只会吸血的可恶蚊子有了新的认识呢？其实，事情都具有两面性。你们下次再观察事物的时候，一定要学会站在不同的角度思考问题。这样，你们也许可以从那些讨厌的事物里发现令人惊喜的地方呢。

爱劳动的小不点

小朋友们，你们喜欢在鲜花开放的春天去户外游玩吗？你们看到那么美丽的花是不是想去摘一朵呢？你们在那些美丽的花朵上是否发现了一群穿着黑黄相间衣服的小动物呢？它们围着那些鲜艳的花朵不停地扇动着翅膀，而且还常常成群结队地跳着舞蹈。你们知道这些可爱的小家伙们是谁吗？小朋友们，

你们若是靠近它们，可能会被它们伤到呢！不过这些看起来不好欺负的小家伙们可是非常有规矩的，它们严谨地遵守着制度。这么可爱却又严肃的小动物，它们是谁呢？它们有着怎样有趣的生活呢？小朋友们，听我慢慢给你们介绍哦！

那些常在花丛中飞来飞去，穿着黑黄相间外套的小动物就是我们非常熟悉的小蜜蜂。它们提着小桶四处搜集花蜜，是个爱吃甜食的小家伙。小朋友们喜欢的蜂蜜就是由它们酿造的。这些勤劳的小蜜蜂拥有着非常庞大的家族。一个普通的蜂巢有着大约60000只蜜蜂，其中统领王国的蜂后有1只，雄蜂

　　大约有100只，其他的都是勤劳工作的工蜂。

　　你们知道吗？在蜜蜂王国里，蜂后并不是统领者，它的工作只是负责产卵，不断地哺育后代。不过，蜂后在蜜蜂王国里的地位是很高的。从它们昂贵的食物——蜂王浆就可以知道它的重要性了。每到春夏之际，在蜜蜂王国里，会出现一个奇怪的现象。原本一直勤勤恳恳伺候蜂后的工蜂们竟然性情大变，开始虐待起蜂后来，这是为什么呢？

　　原来工蜂们是这个王国的守卫者，蜂

后偶尔想偷懒，工蜂们就会对它严厉管教呢！它们在这个时候会拒绝给蜂后供奉好吃的，还会咬蜂后，把蜂后赶去产卵。

小朋友们，看了这些，你们是不是觉得这些看起来可爱的小蜜蜂们很没礼貌呢？你们可千万不要学它们啊，尊老爱幼是我们中国的传统美德，我们要做懂礼貌的好孩子。

有小朋友们肯定有疑问了，蜜蜂不是很严谨的吗？为什么有时候我们可以在同一个地方看到好几个蜂巢呢？有的时候我们也可以看见一群一群的蜜蜂飞来飞去。这是因为蜂后产的卵不断地被孵化成小蜜蜂，原来的小蜂巢就渐渐容不下那么多的蜜蜂了。这时候，它们就会想办法搬家。搬家时，工蜂就会兴奋得争先恐后地冲出蜂

巢，在离巢不远处聚集并疯狂地跳起"分蜂群舞"来，等到老蜂后飞出巢门，小蜜蜂就会立刻找到附近的一棵树组成一个重重叠叠的蜂团等待老蜂后的指令。

这时蜜蜂中的侦察蜂就会大批量地飞出，去寻找新的巢，当它们飞回后，会以"舞蹈"的方式汇报新巢的方向和距离。获得批准后，侦察蜂就会带着一批工蜂长途飞行到新巢。到达预定地点，侦察蜂先飞到巢门前，翘着尾巴扇动着翅膀向后面的工蜂确定选址的安全性。这时蜜蜂们就会一拥而入，建造新巢繁衍生息。

小朋友们，这就是我们在同一处会看到几个蜂巢的原因了。

我们经常把蜜蜂当作勤劳奋斗的榜样，那么它们真的都可以作为榜样吗？蜜蜂每天早出晚归地采蜜酿蜜，十分勤劳。可是小朋友们知道吗？小蜜蜂也有坏毛病，我们可要取其精华，去其糟粕！因为蜜蜂可不都是勤劳的。有美国的研究人员发现，蜜蜂的勤劳是受到体内的一种节律因子的指挥。可是这些辛勤者却只是一些老的蜜蜂，而那些幼蜂并没有形成这种节律因子，一般都养尊处优地待在蜂巢里过着悠闲的生活，直到它们长大成年才会有规律地工作和劳动。

仔细观察过蜜蜂的小朋友一定会发现，蜜蜂总是扭着自己圆圆的身体在跳舞，而且那些舞蹈好像是不一样的，难道它们的爱好就是跳舞吗？其实它们并不是爱跳舞，这些舞蹈是它们之间互相沟通的"语言"。侦察蜂就是用不同的舞姿来传达它们所

发现的蜜源的。比如当它们跳起圆圈舞，说明蜜源在附近，当它们朝向太阳的某一角跳起翩翩的8字舞时就说明蜜源很远。

小朋友们，介绍了这么多，你们会不会觉得小小的蜜蜂简直就是天才呢？你们是不是想立刻去抓一只来仔细观察呢？这是万万不可的。每一只蜜蜂的尾巴里都藏着一根毒针，这是它们用来保护自己的武器，也是可以伤害敌人的工具。一旦它们的毒针被使用了一次，它们的生命也将走向尽头，我们一定要爱护这小小的生命。

肮脏的家伙

小朋友们，你们知道最肮脏的虫子是什么吗？肯定会有小朋友有疑问了，虫子们看起来好像都不太干净啊，哪个是最脏的呢？如果你平时注意观察大自然，就会发现有一种虫子身上含有大量的病菌，它们喜欢在臭臭的粪、尿、痰或呕吐物上爬

　　行。更重要的是，它们会时常出现在我们的生活中，赶都赶不走，是个非常没有礼貌的不速之客。

　　这个令人生厌的脏虫子就是苍蝇。它们常常不经过我们的允许就悄悄地潜入我们的家中，停留在我们的食物和餐具上。它们身上带的那些病菌会污染食物和餐具，若是我们没有及时消毒，病菌就会进一步侵害到我们的身体了！小朋友们若是看

到有苍蝇停在食物上，那些食物可一定要经过杀菌处理后才能吃呢，要不然我们的健康可就受到威胁了。

苍蝇有着十分庞大的家族，其繁衍能力十分强大。一只苍蝇妈妈一生通常可以产5—6次卵，最让人震惊的是，它们每次产卵的数量都在100—150粒左右！这就难怪人们用了那么多方法都没能让苍蝇离开我们的生活了。

小朋友们，你们细心观察过停落在某处的苍蝇吗？停在那里的苍蝇有一个奇怪的现象，它们总是不停地搓着脚。小朋友们会不会以为它们是在做健身操啊？其实它们这是在清理脚上黏着的残渣呢！由于苍蝇总是落在不干净的地方，所以它们的

脚上常沾满了食物、垃圾等残渣，如果不清理干净就会影响到它们爬行和飞行的速度。另外，苍蝇的脚上长了味觉器官，如果黏的东西太多，味觉器官就会被堵住，这样它们就分辨不出味道了。

通常苍蝇为了躲避人类的追打，会飞到高高的天花板上，小朋友们一定会奇怪它们为什么能够倒置在天花板上而不会掉下来吧？其实秘密就在它们的脚尖上，那些长在苍蝇脚尖上的尖爪和黑黑的黏毛虽然细小，却是苍蝇最厉害的秘密武器呢！它们通过分泌出的一种黏性液体让倒置在天花板上的自己可以稳稳地行走，这样小朋友再想打它们的时候就犯了难！

小朋友们，你们知道吗？我们在家里看见的那些苍蝇只是苍蝇家族万千种类中的一小部分，它们庞大的家族可是短短的几行字没办法介绍清楚的。可能有的小朋友会说，苍蝇比蚊子好，起码它们不会吸我们的血。这种想法可并不完全正确。在非洲就有一种靠吸食人或牲畜的血为生的苍蝇。一旦被它们叮咬，就会生一种奇怪的睡眠病，严重的还会睡死过去呢！所以，苍蝇和蚊子都是令人讨厌的害虫呢！下次再看到它们的身影，记得消灭它们哦！

冬天里，苍蝇会冻死吗？

即使到了寒冷的冬天，苍蝇也不会冻死哦！无论是蛹态的苍蝇，还是蝇蛆、成虫，都能够顺利地度过冬天。在低温的越冬条件下，苍蝇的寿命可延长至半年左右呢！在北方，冬天十分寒冷，我们在室外基本上看不到苍蝇，但在温暖的室内，仍会发现一些苍蝇，蔬菜大棚温室更是苍蝇大量孳生的地方。在平均温度达5℃以上的地方，苍蝇根本不会休眠，而是继续繁殖。

苍蝇的寿命

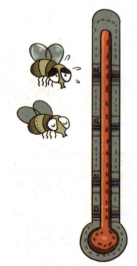

温度、湿度、食物和水都是影响苍蝇寿命的重要因素。在盛夏季节，一只苍蝇的寿命通常是1个月左右。但在温度较低的情况下，苍蝇的寿命可以延长2至3倍，当温度低于10℃时，苍蝇几乎停止了一切活动，寿命会更长。另外，雌性苍蝇的寿命普遍比雄性苍蝇长，约为1至2个月。

枝头上的飞行家

　　在昆虫的世界里生活着一个飞行侠。它们不仅飞得快、飞得高而且还能飞得很远。小朋友们一定会认为这么厉害的家伙离我们很遥远吧？其实它们就在我们身边，并且对于人类有着不容忽视的作用。有这么多的介绍，小朋友们是不是非常好奇它们是谁呢？它们对于我们人类到底有什么作用呢？

　　这些非常厉害的飞行侠就是夏季经常穿梭于荷塘的蜻蜓。小朋友们对蜻蜓肯定不陌生吧，它们那长长的身体，大大的眼睛，是不是也很有特色呢？可不要小看蜻蜓的那对大眼睛，其中含有18000—20000只小眼睛呢。这些小眼睛实际上是组成它们大大的眼睛的复眼。这些复眼分工各有不同。上半部的复眼是专门负责看远处东西的，而下半部分的复眼则负责看近处的东西。所以，不管远近的猎物都难以逃脱它们的法眼哦！

　　小朋友们知道蜻蜓小的时候是什么样子的吗？蜻蜓在还是幼虫的时候样子长得很丑，像极了一只大肚子的蜘蛛，这个时候的小蜻蜓还有另一个名字——水虿。水虿最喜欢吃的食物是蚊子宝宝，蜻蜓宝宝吃掉蚊子宝宝，大大减少了蚊子的数量，所以蜻蜓从幼小的时候起就已经在为人类除害了，是我们人类的好朋友。

抓过蜻蜓玩的小朋友，肯定对蜻蜓那长长的腿不陌生吧？它们一旦抓住了东西，我们得费很大的劲儿才能拉开呢。小朋友们肯定不知道吧，其实蜻蜓的腿可是它们对付猎物的秘密武器呢！它们腿上的这些刺合拢在一起就会变成一只小笼子呢，当蜻蜓加速冲到小昆虫的面前时，这个小笼子就会立刻把没有准备的小昆虫装进去，等小昆虫反应过来时已经成为蜻蜓的美餐了！

看了这么多关于蜻蜓的知识，肯定有小朋友已经按捺不住内心的疑问了。不是说蜻蜓的飞行本领很厉害吗，为什么一到天气闷热的时候或

者雷雨天之前，它们就成群结队地飞在低处？原来这是它们领悟到的生活小窍门！在下雨之前天气会非常的闷热，气压也比较低，空气湿度比较大，正是这个原因，那些蜻蜓喜欢吃的蚊子、苍蝇等昆虫都飞到比较低的地方，这时蜻蜓成群地赶来，就可以饱餐一顿了！蜻蜓的饭量可大了，通常一只蜻蜓一天需要吃掉1000只小飞虫才能够补充它们的体力，所以闷热和雷雨之前的天气是它们最喜欢的，因为这时它们能够很轻松地吃得饱饱的。

还有一个有趣的现象要告诉小朋友们。你们肯定在炎热的夏天，在清澈的湖边发现过有很多蜻蜓将自己的尾巴贴近水面，很快又飞离水面。小朋友可不要认为它们在以此解暑降温，其实那是蜻蜓在为它们的宝宝安家呢，它们直接把卵产在水里，任凭它们漂流。小朋友们不必担心，蜻蜓幼时是懂水性的。

这么神奇的小昆虫，小朋友们一定很喜欢吧？那就在夏天下雨前去空旷的草坪上寻找它们的身影吧，说不定你们还能抓到几只呢，不过要记得放生哦！

会动的"树枝"

小朋友们一定都很喜欢看魔术表演吧？魔术是一个神奇的游戏，它总能变出我们意想不到的东西来。当然，所有的魔术都是需要道具的支持才能完成的。在我们的自然界里，就有一种非常会变魔术的虫子，它们可以把自己变成树枝而不需要任

何道具。真的有这么神奇的事情吗？这个有着高超魔术本领的小虫子是谁呢？它们还会些什么特异功能呢？小朋友们，带着这些问题，走进神秘的昆虫世界吧。

给你们讲解之前，我先问问小朋友们，如果你们随手捡起的一根树枝突然间跳动了起来，你们会害怕吗？呵呵，别担心，那会动的树枝只是一只很会伪装的小虫子而已，它们叫作竹节虫。竹节虫最喜欢藏在一大片树叶中睡大觉了，这个时候的竹节虫像极了一根枯萎的树枝或是竹枝。如果它不动，小朋友们很难分辨哪个是树枝，哪个是竹节虫。不光是它们的身形可以伪装，就连它们的皮肤颜色都可以随着周边的环境而改变呢！

当温度下降时，竹节虫的体色会变暗，而当温度升高时，它们的体色又会变成灰白色。这些伪装，都可以让它们很好地躲避自己天敌的攻击。

若是它们不小心落入敌手，竹节虫就会毫不犹豫地将自己的手脚挣断然后迅速逃跑，小朋友们会不会觉得它们脾气暴戾、手段残忍呢？其实小朋友们大可不用担心，因为竹节虫的手脚都是有再生功能的，过不了多久它们就会长出新的手脚来呢！

小朋友们，看了这些，你们会不会因为竹节虫的魔术而喜欢上它们呢？其实，它们的破坏力可强了！竹节虫的自我保护能力很强，因此在森林里它们的天敌很少，并且，它们以啃吸

植物为生，繁殖能力非常强。竹节虫的过量存在会影响到植物的正常生长。尤其到了繁殖季节，无数的竹节虫会将大量的树木毁掉。所以在森林里，竹节虫可是不受欢迎的。

小朋友们，你们是不是对这些跟树枝一样的虫子充满了好奇呢？想不想马上去树丛里抓一只出来呢？那你们可得在适当的时候去哦。竹节虫可不太喜欢白天，这个时候它们通常都会待在树枝上睡懒觉，等到夜晚来临，它们才开始活动。所以，你们若是想要去抓它们，需要等到漆黑的夜晚才能行动哦！

倒挂在树叶上的小芝麻

小朋友们，经过了一整个寒冷冬天的束缚，在春暖花开的时候，你们喜不喜欢穿上轻便的衣服跑去翠绿的郊外，呼吸新鲜空气呢？肯定会有很多小朋友喜欢这样做。经常去郊外的小朋友肯定会细心地观察到，在很多树干上会有一根一根细小的丝线被风吹得飘动着，在这些细线的下面捆着一个个芝麻般大小的东西。这些东西是什么呢？它们又是怎么被挂在这儿的

呢？

其实这些长得很像小芝麻的东西可都是些小生命哦，它们是草蛉的卵。草蛉是一种体态中等的小昆虫，绿色的细长的身体看起来极为柔弱，当然也有罕见的黄色或灰白色。它们长着圆圆的复眼，在两眼间还长出如细丝般的触角。它们最特别的是那对翅膀，犹如被薄而透明的白纱裙盖住了全身。

长相奇特的草蛉产出的卵也是很有特色的。草蛉在产卵时，会排出很多胶状的物质，当这些胶状的物质与叶片接触时，草蛉就会一边排卵一边把肚子抬起来，这样一根一根的丝就被拉出来了。当丝遇到空气后会变硬，最终会在丝终端结出

一粒粒像小芝麻一样的卵，这样卵就会被挂在树叶上了。

其实，草蛉产出这么奇特的卵是有其目的的，那就是为了保护自己宝宝的安全。虽然草蛉是虫子，但是它们最爱的食物却是蚜虫，为了吃到更多的蚜虫，草蛉当然要很熟悉这些蚜虫的习性才行！它们了解蚜虫最爱在什么植物上活动，于是就把自己的卵宝宝产在这个植物叶子的下面。但是，蚂蚁也常爬上来吃掉蚜虫的排泄物蜜露，同时还会威胁到草蛉的宝宝！所以，草蛉将自己的宝宝长长地挂着，也是为了它们的安全着想。

在草蛉还是幼虫时，人们将它们称作蚜狮。蚜狮的食量很大，所以它也是个勤快的捕猎手，它们一旦发现蚜虫，就会张开上下颚，低头猛

冲过去，然后用下颚把蚜虫夹起。小朋友也许会想，它们的下颚是什么样子的呢，是不是很厉害？其实所谓的下颚就是两个中空的大刺，当它们捕到猎物时，就会把它夹起来，然后深深地刺到蚜虫的体内，再用它们像吸管一样的捕食工具把蚜虫的液汁吸干，这样肥大的蚜虫一下就变成皱皱的一团了。

小朋友一定会认为，当草蛉捕食完后就会心满意足地离开，去寻找下一个猎物。但是它们似乎不只限于吃饱肚子，我们还发现了一个有趣的现象，当草蛉把这些害虫吃尽吸光后，这些害虫就会变成空空的、皱皱的壳儿，然后草蛉就会

把它们背在背上，四处行走，好像是在告诉周围所有的伙伴：你们看，我是消灭害虫的能手！又有一只害虫被我消灭掉了！

小朋友们，这个叫作草蛉的小虫子是不是很有趣呢？你们可要好好地学习哦，它们更多的优点还要等你们长大之后自己去发现呢！

伟大的建筑师

小朋友们一定都是讲卫生、爱干净的吧？你们知道吗？在我们的大自然里也有这么一些爱干净的小家伙呢！它们最喜欢干干净净的生活了。它们之间相遇时还会行一种特殊的礼，彼此清洁，你舔舔我，我舔舔你，非常有趣。这些爱干净的小家伙是谁呢？它们还有些什么有趣的地方呢？小朋友们，跟我一起来认识一下吧！

这些喜爱干净的小虫子就是白

蚁，属于蚂蚁的一种。它们不喜欢光，常年生活在洞穴中。它们的身体呈软软的椭圆形，有白色、黄色和褐色等。在它们的头上还长着一对像念珠一样的触角，时时观察着周边的情况。白蚁和普通的蚂蚁不同，它们竟然长着翅膀哦！虽然翅膀的大小略有不同，但都能够让它们感受短时间飞翔的快乐！

白蚁喜欢生活在木质的建筑物里，它们就是以树木、树叶和菌类为食的。可能有小朋友会有疑问了，它们那么小的身体怎么能够消化那么坚硬的木质呢？其实，那是因为它们在自己的肠道里"养"了一群小虫呢。这种叫作鞭毛虫的小虫能够帮助白蚁们消化食物，它们最

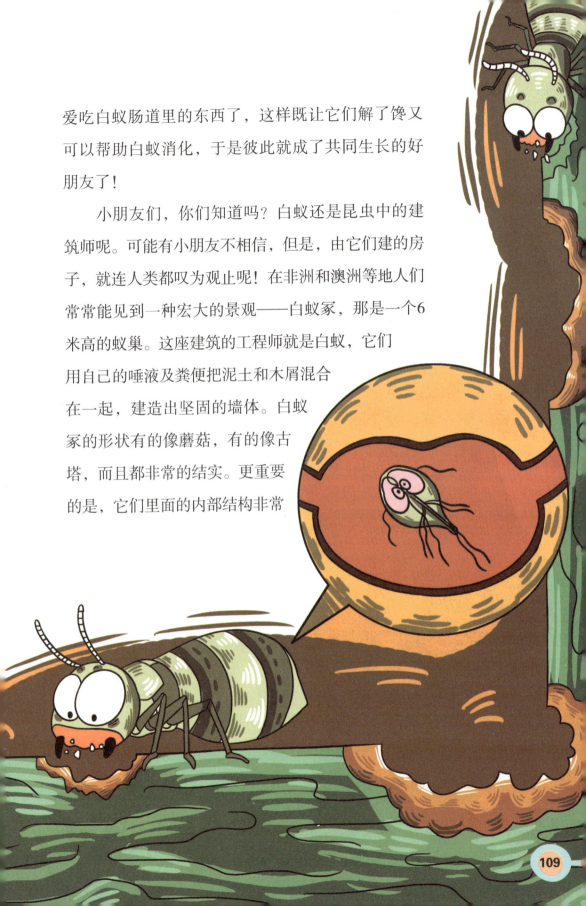

爱吃白蚁肠道里的东西了，这样既让它们解了馋又可以帮助白蚁消化，于是彼此就成了共同生长的好朋友了！

　　小朋友们，你们知道吗？白蚁还是昆虫中的建筑师呢。可能有小朋友不相信，但是，由它们建的房子，就连人类都叹为观止呢！在非洲和澳洲等地人们常常能见到一种宏大的景观——白蚁冢，那是一个6米高的蚁巢。这座建筑的工程师就是白蚁，它们用自己的唾液及粪便把泥土和木屑混合在一起，建造出坚固的墙体。白蚁冢的形状有的像蘑菇，有的像古塔，而且都非常的结实。更重要的是，它们里面的内部结构非常

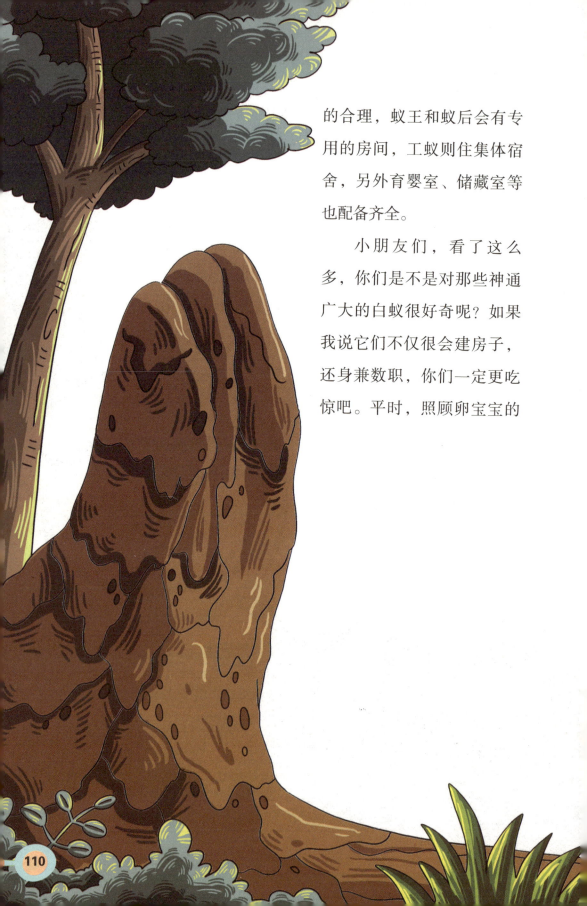

的合理，蚁王和蚁后会有专用的房间，工蚁则住集体宿舍，另外育婴室、储藏室等也配备齐全。

小朋友们，看了这么多，你们是不是对那些神通广大的白蚁很好奇呢？如果我说它们不仅很会建房子，还身兼数职，你们一定更吃惊吧。平时，照顾卵宝宝的工作是由工蚁来完成的，而且，它们还得保护整个蚁族的安全。它们虽然很厉害，可是对我们的生活却是非常有害的呢！若是我们的家里出现了它们的身影，我们的房子可就危险了。小朋友们，可千万不要觉得好玩把它们抓回家啊！

白蚁是怎么保护卵的?

在白蚁家族中，照顾卵宝宝的工作通常是由工蚁来承担的。但是，工蚁的工作实在是太多啦！尤其在它们要建新巢穴时，工蚁就没有时间去照顾卵宝宝了。那该怎么办呢？不要担心，这种时候，蚁王和蚁后是不会坐视不管的！它们会主动去照顾卵宝宝，把它们衔在口中反复舔吮，然后再吐出来，还会不时地为它们调换位置。等到巢穴安顿好后，工蚁才会把照顾卵宝宝的工作重新接替回来。

蚁酸是什么?

蚁酸，也叫作甲酸。蚂蚁的分泌物和蜜蜂的分泌液中都含有蚁酸。最早，人们是在蒸馏蚂蚁时制得这种酸的，所以为它取名为蚁酸。蚁酸没有颜色，但会散发出刺激性的气味，并且具有腐蚀性，人的皮肤如果不小心接触到就会红肿甚至起泡。白蚁分泌出的蚁酸浓度通常很高，能与白银发生化学反应，形成蚁酸银。白蚁通常会把这种黑色的粉末吃下去。

我叫"小强"，小而强大！

小朋友们，你们知道小强吗？名字叫小强的小朋友可不要得意哦，我们这里说的小强可不是人名。这个小强可是一个胆小的小虫子呢！它最怕光了，总是喜欢在夜晚活动。更重要的是，我们明明知道它们的存在，却总也抓不到它们，这是为什么呢？

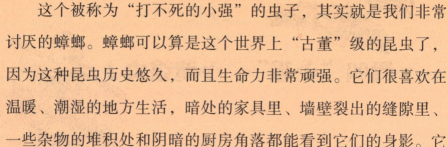

　　这个被称为"打不死的小强"的虫子，其实就是我们非常讨厌的蟑螂。蟑螂可以算是这个世界上"古董"级的昆虫了，因为这种昆虫历史悠久，而且生命力非常顽强。它们很喜欢在温暖、潮湿的地方生活，暗处的家具里、墙壁裂出的缝隙里、一些杂物的堆积处和阴暗的厨房角落都能看到它们的身影。它们不仅会偷吃我们的食物，还会咬坏我们的衣服。最可恶的是，它们在吃过的东西上，还会留下粪便，它们的粪便携带着大量的细菌。不仅如此，有它们在的地方总有一种臭臭的味道，那是它们的分泌物。这么恶心的行为，怪不得每个人见到它们都想将它们赶尽杀绝呢。

在家里见过蟑螂横行的小朋友们肯定会发现一个很奇怪的现象，一旦我们出现在了它们的面前，它们总能很迅速地躲开，一闪就不见了。它们的反应为什么那么快呢？即便我们再小心翼翼地走过去没发出一点声响也没有用。其实这些都是它们长在身后像木螺钉一样的尾须在告密呢。蟑螂的尾须可以探测到地面和空气中的微小震颤，根据这些震颤它们能够准确地判断出是否有危险，一旦有危险存在，它们就能在千分之一秒内做出反应，迅速逃离，所以以人们的速度一般是抓不到这些小蟑螂的。

当然，有的小朋友肯定好奇，为什么在蟑螂的身体上还长了薄薄的翅膀呢？难道它们会飞吗？在遇到危险时，蟑螂能够很快地爬到隐秘处，若是这样没办法让它们摆脱危险，它们那四片翅膀也能够为它们提供短距离的飞行，提供另一种逃脱的途径。

不过，让人厌恶的蟑螂们也不是一点优点都没有的。小朋友们，你们可千万不能认为它们一无是处！其实，专家发明出的地震感震仪，可就有蟑螂的功劳哦！因为蟑螂的尾须能够让它们感觉到微小的震动从而迅速逃离。专家通过研究，发现它们的尾须对地

震前的微小变化反应非常灵敏，不仅能感受到震动的大小，还能感觉到震源在哪儿。

小朋友们，你们知道吗？科学家们的这个发现，对我们的生活可是有非常大的好处呢！可以让我们及时察觉出地震，减少损失。不过，你们若是在家里的厨房角落发现了它们的身影，还是不要对它们手下留情！它们身上携带的那些病菌，对我们的身体健康还是有害的。

咔嚓咔嚓，捕虫神刀手

　　小朋友的家是由爸爸妈妈和你组成的，而且你们家里的每一名成员彼此都相互地关心和爱护。可是，大自然里有种小动物没有爸爸，你们知道是谁吗？大自然里有一个家族很奇怪，当宝宝还没出生时，它的爸爸就会被妈妈吃掉，这么狠心的妈妈是谁呢，它们为

什么要这么做？小朋友们肯定很难接受这样的行为吧。好奇的小朋友们，不要着急哦，让我来给你们介绍一下这个家族吧！

它们就是生活在草丛中的大个子——螳螂，它们有着长长的前胸，前胸上还长着一双长长的手臂，它们的手臂又像是两把锐利的刀，带着锯齿很是凶悍。有的小朋友肯定会好奇为什么螳螂要长两个那么大的手臂呢？不会阻碍它们的运动吗？其实，那两个大大的手臂可是它们最为有利的进攻武器呢！不仅如此，螳螂还长着一对大大的复眼。每只复眼里面又都长着几千只小眼睛，也许你们会觉得这样它们一定拥有

着超强的视力吧？这么想的话你们就上当了。虽然它们长了那么多的眼睛，可是在看东西的时候，不管离得远还是近，这些东西都会模模糊糊的。不过小朋友们可千万不要以为它们的捕猎能力很差！虽然静止不动的东西它们很难发现，但是只要稍有动静，螳螂就会在0.5秒的时间内猛扑过去，这样的速度怕是没有哪个猎物能逃走的吧！

　　长相这么奇特的螳螂，捕食能力又这么强，若是对我们的环境有很大的害处，那我们该怎么办呢？其实，这些大个子的螳螂可是人类的好朋友呢。螳螂最喜欢的食物都是一些农业害虫，比如蚜虫、蛾类幼虫、叶蝉、蝗虫等。它们每天要吃掉大量的害虫来补充体力，这就为农民们带来了很大的帮助。小朋

友们，现在你们知道螳螂是益虫还是害虫了吧？它们对人类的作用可真大呢！

看过《黑猫警长》的小朋友肯定都知道，虽然螳螂爱吃害虫，是人人称赞的捕虫高手，可是它们也是个"狠心"的怪家伙。这个大个子螳螂妈妈会在与螳螂爸爸交配后，凶狠地将螳螂爸爸吃掉！不过螳螂妈妈也是为了宝宝能够茁壮成长，因为当小螳螂的卵在螳螂妈妈的肚子里时，是急需补充大量营养的，如果不能及时补充，小螳螂就不能很好地成长，有可能还会死去。而螳螂爸爸是第一营养品，能够为产卵时提

供包缠卵粒用的大量胶状物质。所以螳螂爸爸也是为了小螳螂而牺牲的。小朋友们，看了这些，你们觉不觉得螳螂爸爸非常的伟大呢？

小朋友们，你们知道测速雷达是什么吗？你们可能不知道测速雷达就是科学家通过研究螳螂的那只大眼睛而发明出来的。我们聪明的科学家们发现螳螂的眼睛能够准确地测出虫子的速度，就像一台高超的测速仪。

看了这些知识，你们是不是为我们聪明的科学家感到开心呢？小朋友们，对于大自然的种种现象，你们可要保持好奇心呢。这样，你们才能在平凡的事情里发现不平凡的地方。大自然中有更多的未解之谜等待你们去解答。

从小爱科学　小生活大世界